LiEN 的尋嚐生活

CONTENTS

FOREWORD 前言

I A DAUGHTER 我很依賴家人

II A MATE 或許是因爲緣份

CONTENTS

III
A MOTHER (A FRIEND)
女兒好朋友

IV
A TATALLY ME
重返 20 歲般探索

EPILOGUE　後記

FOREWORD

前言

做菜是一種日常生活風格的展現，
廚房是我生活的重要場景，在那裏，
我總能感受到滿滿療癒的能量

我就是純粹很喜歡做菜

許多人對我的印象是伴隨光鮮亮麗的場合。廿二歲步入婚姻，育有兩個可愛的女兒。雖然我時常在社群分享媽媽經跟時尚美妝話題，比較少有機會跟大家說，私底下我熱衷料理，幾乎每天都會下廚做菜。就是純粹很喜歡做菜。

年輕時，我甚至以爲這一輩子不會下廚。爲了兩個女兒的成長，我開始學習廚藝。這十多年來，我從他們臉上滿意的表情，得到爲人母親的成就感，才明白下廚是自然流露母愛的方式之一。

兩年前揮別替全家人做飯的日子後，現在的我爲自己下廚。如果你曾經對我的生活感到好奇，歡迎你們透過這本書看見另個不一樣的我：對我來說，做菜是一種日常生活風格的展現，廚房是我生活的重要場景，在那裏，我總能感受到滿滿療癒的能量。

簡單、美味、營養是我心目中美食的標準，我始終相信吃進好的食物不僅能夠滿足身體，同時可以滋養心靈。這本書介紹的所有菜色，都不只一次出現在我跟我家人的餐桌上。你會讀到關於它們的故事，內容都跟愛與被愛有關。

現在的小日子很可愛，
事業、享樂都是新的視野，
經歷不同生命角色，
對人生有個瀟灑的小期許：
生活、料理多一點點辣的調味，
更有香氣、滋味！

I

A DAUGHTER

我很依賴家人

戀家，復刻記憶裡的味道

我的爸媽從不吝嗇展現他們對我的愛，而他們表現的方式常常跟吃有關。發生在餐桌上的大小事，教會我何謂料理的本質，以及怎麼享用眼前的美味。少了這些時刻，我相信下廚對我來說，會是全然不同的事情。

他們是傳統的爸媽，會記住你愛吃的食物，回老家滿滿一桌菜，在心中期盼家人能永遠相伴；他們也是特別的爸媽，給予建議後不強加自己的想法，選擇無條件支持我的任何決定。我總認爲事情先做了再說，遇到困難總有辦法解決，也是因爲有他們，我才能以樂觀的心態看待人生遭遇的各種挑戰。

我很需要我的爸媽，特別是在有了自己的家庭之後，才知道自己有多戀家。我甚至開始復刻記憶中的味道，才發現以前理所當然的味道，都藏著爸媽沒有明說的心意。

作風有點特別的爸媽

開始照顧小孩後，回頭比較我的成長經歷，發現我爸媽教育小孩的方式有點特別。除了無限的愛，還給了我跟我弟很大的自由。縱使工作非常忙碌，假日還是會安排家庭活動，或帶我們到處去吃好吃的，特別是海鮮。

以前我會認爲他們是寵我，但寵是不分對錯。當孩子遇到挫折，父母通常會開導對方，而我爸媽的做法是花很多時間跟愛陪在身邊，慢慢引導我做選擇，讓我明白在做每件事情，都有他們在背後支持跟保護，即便是微不足道的小事情，他們都願意大費周章地去做。有時候在想，換作是我，自己能做得到嗎？

我爸媽不是完全典型的台灣傳統父母，特別是我媽，當初我第一胎未婚懷孕，家長遇到這個狀況，通常會先一番質問，但他在得知的第一時間，只問了孩子身體健不健康，然後要我先專心把孩子生下來，就只講了這兩句話。

那時眞的很需要有人告訴我，接下來應該要怎麼做，而這兩句話給當時無助的我很大的力量，讓我明白要先以孩子爲優先。我爸媽甚至沒有鼓勵一定要結婚定下來，小孩出生之後他們也可以幫忙照顧，字句中都是他們對我的愛。當初結婚時也沒收聘禮，因爲他們覺得女兒不是潑出去的水，而是永遠的家人。我想如果有個可以接收愛的容器，我的瓶子早就裝滿了。

原來我的底氣來自我爸媽

餐桌今天要加哪道菜

以前住在家裡時，三餐大多由外廚負責，但我爸也愛下廚，餐桌上固定會有一道他做的菜，通常是當天海釣的戰利品。因爲很在意食材的處理方式，他擔心其他人不懂怎麼烹調會糟蹋食材，所以都堅持自己來。菜上桌後他會看著你吃，一邊跟你解釋這些食材出自何處，常說某某海鮮是請認識的漁船特別留給他的、搭配的醬料是阿姨自己做的，受到影響久而久之，我也開始在意食材背後的故事。

他喜歡做經典的料理風味，魚的話通常是乾煎、清蒸、紅燒三種作法。釣到野生吳郭魚的話，他會做成紅燒，但爸爸的調味跟外面賣的很不一樣。後來有次我試著做給女兒吃，卻發現做不出記憶裡的味道，問了我爸才知道，他加了很多烏醋調味，讓本來應該是甜鹹的紅燒魚，多了一些酸味，口味有點接近糖醋魚，變得酸酸甜甜的。

我爸很享受替我們加菜，婚後他也會不定期從家裡寄各種食材跟水果給我，這些食材可能來自某個地方小農，或是認識的親友栽種、養殖。之前得知我擔心賀爾蒙會影響小孩發育，不敢讓女兒吃雞肉，他特地去鄉下找養雞人家，定期寄切塊雞肉上來。這些寄送的心意量太大，爲了存放我還特地買了一個冷凍庫。

因爲家裡都是爸爸做菜，結婚前我不認爲料理是女人的事，所以也很少進廚房幫忙過。但我爸讓我感受到，替家人做菜、加菜的過程很幸福，而且當你從對方臉上看到對料理滿足的表情，也會覺得下廚是一件很值得的事情。

爸爸的拿手菜：紅燒魚

換我做菜給爸媽吃

我的原生家庭關係很緊密，因此我很依賴他們，婚後搬到台北，為了照顧小孩沒辦法很常回老家（雲林），可能兩三個月才有空回去一趟，而且停留的時間不長，通常都很匆忙。這些年來看著兩個小孩長大，也觀察到爸媽年紀越來越大，讓我越來越想要花更多時間陪伴他們，心裡有個放不下的種子在萌芽。

現在我的時間很自由，隨時想回家就回家，可以多待一些時間，也終於有機會常常做菜給他們吃。我爸媽很喜歡鮑魚燒雞這道菜，當初教他們是為了消化家裡快過期的鮑魚罐頭，因為罐頭本身醬汁很鮮甜，加雞肉一起拌炒非常入味，後來他們也會做這道料理來吃，我似乎感受到一點點被認可的感覺。

結婚時年紀還很輕，加上家裡三餐都有人料理，因此婚前我幾乎沒下廚，婚後爸媽也沒有機會吃過太多我做的料理，所以當我跟他們說我要出食譜生活書時，還被一陣調侃。現在回家的時間變充裕了，才有機會跟他們一起逛菜市場、一起下廚，吃我做的菜，樸實卻深刻地實踐女兒這個身份。

爸爸最常囤貨鮑魚、雞肉，
於是我促成這道美味關係。

家人
永遠是我的首要位置

我享受生活中的變化，但本質是個超級戀家的人。我認為這跟父母的教育有關，他們的家庭觀滿傳統的，從小就跟我和我弟說，人生很短，他們希望全家可以一直在一起，認為這樣才會有向心力。學生時代我在外地唸書，假日回家就有滿滿的家庭活動，休閒娛樂幾乎都跟爸媽一起，如果要跟朋友出去，爸媽也會要我們邀請朋友來家裡玩。他們對我們交友的心態反倒很輕鬆，大家玩在一起比較好玩。

這樣的家庭觀，據說是來自有次在機場認識一對去美國探親的長輩，我爸媽知道他們一年只去一次覺得很心酸，家人相聚的時間太少了，因此也不希望我出國讀書。或許因為跟爸媽的關係很緊密，我跟我弟幾乎沒有經歷叛逆期，在朋友跟爸媽之間，會優先選擇家人。後來我也這樣跟我的兩個女兒說，不管你做什麼決定，家人一定是第一位。

紅燒魚

食材 *ingredient*

2－3人份

鱸魚	1條（亦可使用午子魚、吳郭魚）
蔥	1根
薑	5-6片
辣椒	1根

紅燒醬汁 *seasoning*

醬油	3大匙
米酒	2大匙
細砂糖	1大匙
高湯	250 ML（亦可使用水）
烏醋	些許

作法 *steps*

① 將魚身劃刀至魚骨處，並用米酒抓醃5分鐘。
② 蔥白與蔥綠分開，蔥白切段、蔥綠切細絲、辣椒一半切斜片，一半切細絲。切好的蔥絲及辣椒絲浸泡飲用水。
③ 紅燒醬汁製作：均勻混合醬油、米酒、細砂糖、高湯。
④ 起油鍋，將魚表面水分擦乾後，下鍋煎至雙面金黃酥脆，起鍋備用。
⑤ 同鍋，下蔥白段、薑片、辣椒片爆香。
⑥ 將魚再次下鍋，並倒入紅燒醬汁，小火悶煮5分鐘。
⑦ 起鍋前再淋上烏醋，放上蔥綠及辣椒絲即完成。

① 將魚身劃刀至魚骨處，並用米酒抓醃5分鐘。

鮑魚燒雞

食材 *ingredient*

3 － 4 人份

雞	半隻
鮑魚	5 顆
蔥	1 根
薑	6 片
大蒜	6 瓣
辣椒	1 根

調味 *seasoning*

米酒	1 大匙
醬油	2 大匙
蠔油	1 大匙
糖	1 大匙
鹽	1 小匙
水	400ML
米酒	適量

作法 *steps*

① 將雞切成塊狀、鮑魚洗淨備用；蔥白切段、蔥綠切花、辣椒切斜片。

② 熱油鍋，爆香薑片、辣椒片、蔥白段、大蒜，加入雞塊煎至表面金黃。

③ 加入醬油、蠔油、米酒、鹽、糖及水，以中小火燉煮 15 分鐘。

④ 加入鮑魚繼續燉煮 5 分鐘。

⑤ 起鍋前，再淋少量米酒，蔥花點綴。

黃燜雞

食材 *ingredient*

2－3人份

雞腿排	2支
洋蔥	1/4顆
彩椒	80公克
馬鈴薯	1顆
薑	5片
大蒜	5瓣
辣椒	2根

調味 *seasoning*

醬油	2大匙
蠔油	1大匙
糖	1/4大匙
鹽巴	1/4小匙
清水	250cc
米酒	1/2大匙

作法 *steps*

① 將雞腿排切塊；馬鈴薯、甜椒、洋蔥切塊；薑、大蒜切片、辣椒切段；醬料材料混合。

② 熱鍋冷油，將雞腿塊煎至金黃。

③ 加入薑片、蒜片、洋蔥塊、辣椒段拌炒。

④ 加入馬鈴薯拌炒。

⑤ 加入醬料燉煮6-8分鐘。

⑥ 加入彩椒拌炒至收汁。

⑦ 起鍋前倒入米酒拌炒即完成。

II

A MATE

或許是因爲緣份

我眞的非常、非常幸運

或許是因爲進入前一段婚姻時年紀很輕，又幾乎同時成爲妻子與母親。讓我在婚後意識到必須主動做些什麼，來回應妻子這個角色。最後我選擇走進廚房，拿起以前不熟悉的鍋鏟。

受到不同聲音的鼓舞，我開始踏出舒適圈，開啟忙碌的育兒跟社交生活；也造訪了不同的國家，透過異國飲食拓展味蕾的版圖，並在印象深刻的味道之中，尋找能端上桌的好滋味，創造屬於我們家獨特的餐桌風景。

結婚十多年下來，我漸漸理解爲何料理是一個家庭的重心，料理讓我們凝聚在一起，彼此等待、照顧的心意圍繞著餐桌。家庭關係的經營之中，我始終被好好地照顧著，我眞的非常、非常幸運。

少數能吃的食物

我剛懷第一胎的時候很容易孕吐，別人說害喜通常是前三個月，但我從頭到尾都在不舒服，懷孕期間眞的是我的惡夢，因爲一直在吐，常常是吐到要送醫院打點滴的程度，幾乎吃不下任何東西，因此當時只要吃得進的食物，我都非常珍惜。

酸湯水餃這道菜，是我懷孕時少數能吃進去的食物之一。這道菜其實很簡單，就是把煮好的水餃放進湯裡，可以想成是餛飩湯。湯頭不另外熬，就是將辛香料拌炒後加醬油跟醋，所有味道都濃縮在一碗湯裡，非常方便、快速。吃膩水餃跟煎餃的時候，我就會做這道菜，如果還想要更省時間可以直接用麻辣燙的湯底，再加一點鎭江香醋跟辣油提味，也很好吃。

媽媽也應該多出門走走

生完第一胎後，心情不是很穩定。我很愛我的小孩，不過第一次當媽媽真的覺得很辛苦，就是新手媽媽的各種崩潰，加上當時年紀還很輕，覺得照顧小孩後整個人的狀態每況愈下，越來越討厭自己的模樣。

後來因緣際會踏進社交圈，比較頻繁出門後心情開朗了很多。現在幾位要好的姊妹淘都是當時認識的，也剛好裡面有不少朋友在做精品公關，他們邀請我出席品牌活動，也因此得到曝光的機會，開始有更多人知道我。雖然還是不太習慣當初媒體冠上的稱號，但現在想來很感謝他們有興趣採訪，讓我成為自己的路上受到很多人關心。

晚餐是
中西大合併

我覺得全家人一起坐下來吃飯很重要，即便吃的是便當。我爸媽就主張等人全都到齊才能開動。這個習慣後來也延續到我自己的家庭，而菜色通常是各自料理偏好的口味，餐桌上經常的風景就變成中西大合併，滿有趣的。等到小孩年紀大一點，可以吃比較重口味的料理時，我會減少菜色，但把每道菜的份量做多一點。

想要快速解決一餐時，偶爾會做香菜肉末這道料理，是小孩的祖母常做的菜色，而且是一道可以變換配料的菜色，後來我想到可以把香菜改成打拋葉，就變成泰式料理「打拋豬」，材料容易準備而且同樣很下飯，這是以前我們家冰箱的常備料理，想吃的時候只要加熱，就可以立刻上桌。

酸湯水餃

食材 *ingredient*

1人份

餃子	5-10 顆
蔥	1 支
大蒜	2-3 瓣
熟白芝麻	1 大匙
辣椒粉	2 小匙（依個人喜好）

醬汁調味 *seasoning*

烏醋	2 大匙
醬油	2 大匙
糖	1 小匙
鹽	少許（依個人喜好，可加可不加）
香油	1 大匙（淋油用）

作法 *steps*

① 蔥切蔥花、大蒜切末。

② 將水餃放入鍋中煮至熟透。

③ 同時間，將蒜末、蔥花、白芝麻、辣椒粉放入碗中。

④ 將香油倒入鍋中加熱後，加入作法 3 的碗中混合均勻。

⑤ 加入醬汁均勻混合。

⑥ 加入煮水餃的滾水大約 3-4 湯匙。

⑦ 最後將水餃加入碗中。

③ 同時間，將蒜末、蔥花、白芝麻、辣椒粉放入碗中。

④ 將香油倒入鍋中加熱後，加入作法 3 的碗中混合均勻。

家庭版打拋豬

食材 *ingredient*

3－4人份

豬絞肉	300克
大番茄	1顆
九層塔	20克
辣椒	3條
大蒜	3瓣

調味 *seasoning*

醬油	3大匙
魚露	1大匙
蠔油	大匙
鹽巴	1/4小匙
胡椒粉	適量
米酒	適量
水	50CC

作法 *steps*

① 番茄切小丁、九層塔洗淨瀝乾、辣椒切斜片、大蒜切末。
② 起油鍋，將辣椒片、蒜末爆香。
③ 加入豬絞肉炒至微微焦黃。
④ 加入番茄丁拌炒。
⑤ 加入調味料及水翻炒均勻。
⑥ 煮至收汁後加入九層塔拌炒即完成。

西班牙蒜油蝦

食材 *ingredient*

3 人份

蝦	10 尾
大蒜	5 瓣
乾辣椒	10 克
白酒	40CC
橄欖油	3 大匙

調味 *seasoning*

鹽	1/4 小匙
黑胡椒	適量
巴西里	少許

作法 *steps*

① 將蝦剝殼開背、去腸泥。蝦頭蝦殼備用；蝦肉以適量太白粉用水沖洗後，擦乾均勻撒鹽抓醃備用；大蒜切末；巴西里切末。

② 鍋中倒入橄欖油後，將蝦頭、蝦殼炒至油成紅色即可撈出，加入蒜末炒至金黃。

③ 加入蝦煎至紅透，加入乾辣椒及白酒，煮至酒精揮發。

④ 起鍋前，撒上調味料並用巴西里裝飾即完成。

① 將蝦剝殼開背、去腸泥。蝦頭蝦殼備用；蝦肉以適量太白粉用水沖洗後，擦乾均勻撒鹽抓醃備用。

TACO

擔心自己喜歡的料理別人不喜歡，如果聚會主題是一人一菜，我會帶TACO，大家可以依自己喜好搭配。餅皮會去買現成的，配料是牛排煎完後切丁，加生菜。撒上墨西哥粉，然後再搭配莎莎醬或酪梨醬。

食材 *ingredient*

3 人份

雞胸肉	1 塊
墨西哥餅皮	數張
生菜	適量（例如 羽衣甘藍、美生菜）
水煮蛋	2 顆
酪梨	半顆
薑片	3 片
米酒	1 大匙

調味 *seasoning*

鹽	少許
黑胡椒	少許
檸檬汁	適量

莎莎醬 *seasoning*

鹽	少許
黑胡椒	少許
檸檬	半顆
大番茄	2 顆
大蒜	2 瓣
洋蔥	半顆
橄欖油	2 小匙

作法 *steps*

① 起一水鍋，放入薑片及米酒，煮滾後放入雞胸肉，煮至熟透後放涼並剝成雞絲。

② 生菜切細絲、水煮蛋切片；酪梨、大番茄、洋蔥切1公分小丁狀、大蒜切末、檸檬擠汁。

③ 製作莎莎醬：先將食材與橄欖油混拌均勻後再加入調味料。

④ 餅皮烤熱後，以生菜打底，接著加入蛋、酪梨、雞肉絲、莎莎醬。

⑤ 最後再依個人口味，撒上適量鹽及黑胡椒，並擠上些許檸檬汁調味。

韓式泡菜海鮮豆腐湯

食材 *ingredient*

4 人份

蔥	2 根
洋蔥	1 顆
嫩豆腐	半盒
豬肉片	200G
小章魚	依個人喜好
蚵仔	依個人喜好
韓式泡菜	150 克
水	1000ML

調味 *seasoning*

韓國辣椒粉	4 小匙
韓國辣椒醬	4 大匙
砂糖	2 小匙
蒜泥	4 小匙
醬油	2 大匙

作法 *steps*

① 蔥白切段、蔥綠切花分開、洋蔥切片、嫩豆腐切片、小章魚及蚵仔洗淨瀝乾備用。

② 起油鍋，爆香蔥白段及洋蔥片。

③ 加入韓式泡菜拌炒。

④ 加入調味料及水煮滾。

⑤ 加入肉片、豆腐煮 1 分鐘後，再下小章魚及蚵仔煮熟。

⑥ 最後加入蔥花即完成。

醋溜豆芽

我喜歡脆脆的口感，若有時宵夜只想要吃一點鹹的東西，我就會做醋溜豆芽，每次都會做一大盆當主菜。醋溜除了豆芽這個食材也可以用在高麗菜跟馬鈴薯。豆芽煮太久會爛掉，燙好只要過一下醬料就可以吃了。

食材 *ingredient*

4 人份

食材	份量
豆芽	半斤
蔥	1 根
薑	5 片
大蒜	2-3 瓣
辣椒	1 根
花椒	適量

調味 *seasoning*

調味	份量
鹽	1/4 小匙
醬油	2 小匙
烏醋	1 大匙
烏醋	適量（起鍋時加）

作法 *steps*

① 將洗淨的豆芽，以鹽、醬油、烏醋醃製 5 分鐘。
② 蔥切蔥花、薑切末、辣椒切斜片、大蒜切末。
③ 起油鍋，油熱後下花椒、辣椒片、蔥花、蒜末、薑末爆香。
④ 加入豆芽，大火拌炒 2 分鐘左右，起鍋前倒入醃製的醬汁，再加適量的醋拌炒增加香氣。

III

A MOTHER (A FRIEND)
女兒好朋友

他們愛吃什麼、會不會餓

孩子剛出生的時候，新手媽媽這個角色一度讓我感到很有壓力，是做菜幫助我慢慢走出內心的不安，並且得到很大的成就感。我將對兩個女兒滿滿的愛，展現在爲他們做的料理上，希望他們吃進最多最好的營養，健康快樂的長大。

我不只熱切地滿足兩個女兒對食物的各種需求，也教他們享受美食，就像我爸媽當初教我的那樣。後來他們受到我的啟發對下廚產生興趣，主動走進廚房體驗做菜的樂趣，也讓我們彼此有了更多共通的話題。

腦中想著他們愛吃什麼，他們會不會餓，早已經是我生活習慣的一部分。我渴望他們在吃下我做的料理之後，能夠記住那些味道。未來吃到這些食物時就會想起我，以及我在廚房忙碌的身影，這些都是我給他們的愛。

當個摩登又有原則的媽媽

爲了迎接小孩到來，懷孕期間我看了很多育兒的書。那陣子正興起媽媽替新生兒做副食品，也鼓勵孕婦多運動維持健康體態，我都有按照建議進行。我期許自已成爲面面俱到的年輕摩登媽媽。結果因爲目標訂得很高，搞得自己每天壓力都很大。

不知道兩個女兒怎麼想，但我認爲自己是有原則（嚴厲）的媽媽，雖然我給他們很多空間，但規定兩人必須遵守我立下的規矩，我會明確告知什麼必須做、什麼不可以做，除此之外，只要他們想做的事情我都會支持。另一方面，我希望跟他們溝通不會有代溝，這個部分還在持續學習，期許我能跟得上兩個女兒的思維，畢竟我自詡爲年輕摩登媽媽！

現在我很享受跟兩個女兒一起逛街的時刻，因爲可以花很多時間討論彼此的喜好，他們進入青春期後比較少主動分享自己的喜好，我覺得逛街眞的是了解彼此很好的方式，不用很制式地坐著聊天，我也趁機發掘他們感興趣的事物。應該是受我影響，兩個女兒也對下廚有興趣，一個喜歡烘焙，另一個是做西式料理。他們現在已經不會要求我幫忙，他們會緊張地說：「你不要看！」出爐才小心翼翼端出來分享過程。

創造跟女兒的專屬回憶

女兒們吃副食品後期，我接著開始研究三餐的料理製作。相較於做副食品，我很享受爲他們下廚的過程，因爲可以看見他們臉上的反應，當他們坐在椅子上，笑著對你說某道菜很好吃的時候，好有成就感！

我想與兩個女兒創造母女間的飲食記憶，因此更積極下廚。記得有次不小心失手，錯把鹽弄成糖，結果那道菜口味變得超甜。他們後來只要在餐廳看到菜單有那道菜，就會提起這件有趣的糗事。現在沒有天天住在一起，他們看見我在社群分享新做的菜色時，都會許願下次見面時做給他們吃，我聽了好雀躍，明明只是小事卻可以開心一整天。

其實現在要飽餐一頓很容易，自己做菜只是希望讓女兒們吃到好的食物，攝取營養，同時也掌握食材的來源，我想這部分也受到我爸的耳濡目染，他很講究食材的新鮮度、成長環境等等。我的兩個女兒愛吃雞肉跟魚，後來我時常做我爸的拿手料理紅燒魚，還有同樣用醬油做基底的黃燜雞給他們吃，喜歡這樣三代之間的連結。

快速又健康的
早餐選擇

我是晚睡的人，不習慣早起，也不喜歡吃早餐。但兩個女兒還在發育階段，希望他們三餐正常。即便早上沒有食慾，或者是上學時間太匆忙，我都會希望他們在家裡吃點東西再出門，想到以前我媽會買雞精讓我滋補，後來我買了比較好入口的滴雞精，做成滴雞精蒸蛋，既能補充營養又有飽足感。

因爲把水換成滴雞精，不用調味就很有味道，我自己也很喜歡，嘗試改版加各種食材進去，前陣子學到加剝皮辣椒也很驚艷，之後想嘗試加入海鮮。比起其他早餐，蒸蛋真的非常方便，電鍋萬歲！

主菜一定要看起來很下飯

思考一餐的菜色配置有時很傷腦筋，後來爲了解決煩惱，我有了策略：除了營養均衡是首要目標，其中一道菜必須很下飯。我通常會做一道比較容易引起食慾的主餐，再搭配兩道蔬食。因爲要趕在他們放學回家前完成，加上不喜歡一直洗鍋子，我喜歡做能一鍋到底的料理。

我常做鮮蝦粉絲煲、鵪鶉蛋燒肉、杏鮑菇炒臘腸這幾道菜，聽起來似乎是不簡單的料理，但其實準備起來不太花功夫，尤其是鮮蝦粉絲煲，這道平常只會出現在餐廳的菜色其實很好料理，先將蝦子跟五花肉炒過後加水煮開，放入泡軟瀝乾的粉絲悶煮就大功告成。講究一點可以先煉蝦油，上桌後就是一道看起來華麗又下飯的美味料理。

無論喜歡不喜歡
你先吃一口

準備孩子的食物跟自己吃的非常不一樣，我希望他們能均衡飲食，所以更注重食材的營養成分，花椰菜營養價值很高，我習慣一次在量販店大量購買，再用不同手法做料理上的變化。

除了清炒、川燙，我偶爾也會把花椰菜搗成泥，加進去玉米湯。擔心他們吃多會膩，後來又做了乾鍋花椰菜，口味會有點像是熱炒店賣的三杯雞，淋上蠔油也是一種做法，主要是變換風味，讓他們吃進營養也要兼顧美味。

只要他們許願想吃什麼，我都會想盡辦法滿足他們的味蕾，有次半夜還在廚房做地瓜球。不過也會有不願意吃我做的某些料理的時候，這時我的原則是：你不喜歡，但是得吃一口。不管在家裡還是外食，這是我唯一的要求。我認爲這是餐桌的禮儀，我也希望他們能多嘗試，不要做挑食的人。

週末見面想吃什麼？

現在小孩上國中了，除了在學校上課，課餘跟朋友相處的時間也變多了。所以我們更珍惜珍貴的相聚時光，見面時最喜歡問他們：「有沒有想吃什麼？」似乎變成問候語了！

雖然沒有一起生活，但是我們很常在社群上聊天，之前我在社群分享用電鍋就可以製作的檸檬手撕雞，他們看到就說很想要試試味道，某次週末見面我們就一起邊撕雞肉邊聊天，好療癒。我習慣週末見面前先確認他們想吃什麼、想去哪裡，可是每次問他們想吃什麼，答案都是以前常做給他們吃的菜，像是黃燜雞、芹菜炒花枝、滴雞精蒸蛋、還有我公公也很愛吃的蒸肉餅湯。

蒸肉餅湯跟檸檬手撕雞一樣都是電鍋菜，只要把醃製好的絞肉放進電鍋裡蒸熟就大功告成，這道菜跟餐廳作法最大的不同，是它的湯汁再更多一些，我覺得這樣會比單純的蒸肉餅更有味道、也更暖胃。

以前因爲跟公婆住很近，後來我會不定期做一些菜給他們吃，有一次是蒸肉餅湯，公公很喜歡，後來還在肉餅中間多加一顆蛋，看起來賣相更好。若是想要有多點變化，可以在絞肉裡加入其他食材，但我自己最喜歡什麼都不加的版本，這樣原汁原味、素素的最好吃。

滴雞精蒸蛋

食材 *ingredient*

2－3 人份

蛋	2 顆
滴雞精	1 包
水	蛋的 2 倍
鹽	少許（依個人喜好，可加可不加）

作法 *steps*

① 蛋液與滴雞精混和均勻。
② 加入蛋液兩倍的水繼續攪拌（蛋液 1：水 2，可用蛋殼測量水量）。
③ 用濾網過濾蛋液，倒入碗中。
④ 電鍋放入較高的蒸架，倒入一杯水加熱至冒煙。鍋蓋與鍋子間可放一支筷子留小縫隙。
⑤ 電鍋跳起後，悶 5 分鐘再吃比較香。

♥ 如果蒸煮出來有大孔洞，表示蒸煮時的溫度過高。

鮮蝦粉絲煲

食材 *ingredient*

3－4 人份

蝦子	8 尾
粉絲	3 顆
青蔥	1 支
大蒜	3 大顆
薑片	6 片
香菜	1 支

醬汁調味 *seasoning*

香油	1 大匙
蠔油	1 大匙
醬油	2 大匙
烏醋	2/3 大匙
糖	1/2 大匙
白胡椒	適量
熱水	半碗
米酒	2 大匙

作法 *steps*

① 粉絲先用溫水泡軟後瀝乾、青蔥切段、大蒜 2 顆不切、1 顆切蒜末。

② 起油鍋，將蝦子炒至 5 分熟，並炒出香氣後起鍋備用。

③ 同一油鍋，用炒過蝦的油香加入大蒜、蒜末、青蔥、薑片用大火爆香。

④ 加入調好的醬汁，再加半碗熱水均勻攪拌。

⑤ 加入泡開的粉絲，稍微悶煮至軟。

⑥ 將蝦子倒入煮熟，淋上米酒。

⑦ 盛入砂鍋／陶鍋後，放上香菜點綴就完成了！

鵪鶉蛋紅燒肉

食材 *ingredient*

3－4人份

帶皮豬五花肉	600G
水煮鳥蛋	10-12 顆
薑片	4 片
蔥	2 根

調味 *seasoning*

醬油	4 大匙
八角	2 個
香葉	3 片
冰糖	1 大匙
米酒	50CC
水	適量

作法 *steps*

① 帶皮豬五花肉切塊、蔥切段。

② 起油鍋，加入冰糖炒至焦糖色後，加入豬肉塊翻炒至表面焦黃。

③ 加入薑片、蔥段與所有調味料，均勻拌炒。

④ 加入水蓋過食材，蓋上鍋蓋後煮滾，轉中小火燉煮 30-50 分鐘直至收汁，即完成。

杏鮑菇炒臘腸

食材 *ingredient*

2－3 人份

臘腸	2 條
中型杏鮑菇	3 個
乾辣椒	依個人喜好
蒜苗	1 根
大蒜	4 瓣

調味 *seasoning*

鹽	少許
米酒	1 小匙

作法 *steps*

① 臘腸及杏鮑菇切約 0.5 公分斜片，厚度適中保留口感、蒜苗切斜片、大蒜切末。

② 起油鍋，先下臘腸煸出油脂後，加入蒜末，炒至有香氣後加入蒜苗。

③ 加入杏鮑菇拌炒，加入乾辣椒及鹽。

④ 起鍋前灑適量米酒，即完成。

乾鍋花椰菜

食材 *ingredient*

3－4 人份

白花椰菜	1 顆
豬五花肉片	100 克
蔥	2 根
薑	4 片
大蒜	2 瓣
乾辣椒	適量

調味 *seasoning*

香油	1/2 大匙
醬油	1 大匙
米酒	1/2 大匙
鹽巴	適量
胡椒	少許
糖	少許

作法 *steps*

① 將白花椰菜洗淨，切成易入口大小，稍微過水川燙。

② 蔥切段，蔥白蔥綠分開、薑切末、大蒜切末；豬五花肉片切約 4 公分段狀。

③ 熱鍋，以豬五花煸出油，加入薑末、蒜末、蔥白段爆香，加入醬油、香油翻拌均勻。

④ 加入白花椰菜拌炒，再加入乾辣椒段、青蔥段，起鍋前再加入米酒即完成。

檸檬手撕雞

食材 *ingredient*

2－3 人份

大雞腿	2 支
薑片	4-5 片
紅棗	少許
枸杞	少許

醬汁調味 *seasoning*

糖	1/2 大匙
醬油	2 大匙
香油	1/2 大匙
大蒜	5 瓣
蔥	1 根
檸檬	半顆
辣椒	依個人喜好
香菜	1 支
白芝麻	適量

作法 *steps*

① 將雞腿、紅棗、枸杞擺在盤子周圍，中間倒扣一個碗。置入蒸鍋，外鍋兩杯水。

② 大蒜切末、蔥切蔥花、辣椒切斜片、香菜切末、檸檬擠汁。

③ 將蔥花、蒜末、辣椒片、白芝麻、香菜放入碗中，加入檸檬汁、糖、醬油、香油調成醬汁備用。

④ 蒸鍋跳起，將雞腿放入冰水冰鎮；中間碗裡的雞精倒入作法 3 的醬料碗中。

⑤ 雞腿冰鎮後，手撕成條狀，混入醬料，最後再加入些許檸檬汁，均勻攪拌即完成。

① 將雞腿、紅棗、枸杞擺在盤子周圍，中間倒扣一個碗。置入蒸鍋，外鍋兩杯水。

芹菜炒花枝

食材 *ingredient*

3－4 人份

台灣芹菜	200G
花枝	300 克
辣椒	1 根
大蒜	4 瓣

調味 *seasoning*

鹽	1/2 小匙
米酒 / 白酒	適量

作法 *steps*

① 芹菜洗淨切段、辣椒切斜片、大蒜壓扁。
② 清洗花枝，改花刀切薄片後川燙 10 秒撈起瀝乾。
③ 起油鍋，爆香壓扁過的蒜，再加入芹菜拌炒至香氣出來。
④ 加入花枝、辣椒片快速大火拌炒，起鍋前加入鹽、米酒即完成。

② 清洗花枝，改花刀切薄片
後川燙 10 秒撈起瀝乾。

肉餅湯

食材 *ingredient*

2 人份

豬絞肉	半斤
鮮香菇	4 朵
蛋	2 顆
蔥	少許
水	適量

調味 *seasoning*

米酒	2 小匙
鹽	1 小匙
糖	1 小匙
鹽	少許

作法 *steps*

① 豬絞肉用鹽巴、米酒、糖先抓醃 10 分鐘。

② 鮮香菇洗淨擦乾、蔥切蔥花。

③ 將醃製完成的絞肉舖滿碗底，中間凹外圈凸起，將蛋打入中間並放上鮮香菇，將水沿著碗邊加入，與肉餅齊高即可。

④ 放入電鍋，外鍋兩杯水即可，蒸完再撒少許鹽、蔥花即完成。

③ 將醃製完成的絞肉舖滿碗底，中間凹外圈凸起，將蛋打入中間並放上鮮香菇，將水沿著碗邊加入，與肉餅齊高即可。

IV
A TATALLY ME
重返
20 歲般探索

替自己展開料理的療癒之旅

兩年前剛回到單身狀態的我，不需要像以前一樣天天做飯，我花了點時間探索自我，才發現我始終離不開廚房。

即便狀態改變，我依舊愛著我的兩個女兒，也與他們保持密切的聯繫。

如今我再次進入廚房，做菜的對象不再是女兒、另一半，而是一直以來都在爲家庭付出的自己。每天我都會先問自己想吃什麼，想念哪些熟悉的味道。隨著腦中浮現出畫面與食物香氣，我會打開冰箱，替自己展開料理的療癒之旅。

迎接單身生活的第一件事

再度回到單身狀態，我頭一件做的事情是放下一切，先好好地浪費時間。過去在婚姻中，你所做的一切都圍繞家庭，個人的專屬時間非常稀少，既然現在不再是婚姻狀態，我想要讓自己先徹底放空，連做菜這件事也先稍作暫停。

當初我給自己的目標是可以浪費到四十歲。從廿二歲懷孕結婚到兩年前，十五年來每天的生活都很緊湊。既然人生應該做的事情我都做了，我告訴自己不要急著計畫未來，頭幾個月的日子我都是想到什麼就去做，及時行樂，天天跟朋友一起耍廢，常常直到清晨才願意睡，像大學生活一樣，把我年輕時沒有浪費到的時間都拿來用，我很喜歡浪費這個詞，好像是年輕人才享有的特權。

浪費時間也不容易，接著我開始投入服裝品牌的忙碌生活。

現在每天一起生活的兩隻：阿發、阿寶，我們守護彼此。

可能我天生就不是個擅長耍廢的人，大概浪費三四個月，我又開始慢慢找回暫時被我放下的習慣，這次下廚不爲自己，而是嘗試爲我的兩隻貴賓犬阿發跟阿寶加菜，將食材處理他們方便入口的大小後，看著被切成大小相同的鮮食，成就感襲來，想要下廚的感覺又再度回來，只不過這次不再是做晚餐，而是深夜的宵夜時段。非常享受深夜那種靜謐、無人，只剩自己的感覺，回到自己的專屬時間，我又播起音樂，開始做菜。

深夜做菜的無壓力時光

幫阿發跟阿寶做鮮食後又隔了好一陣子，我終於開始爲自己下廚。配合晚睡的生活作息，我一天只吃兩餐，第一餐我會外食，再來就是宵夜。這個時間點若想果腹，大家通常都會叫外賣解決，但我每次打開手機搜尋外送平台上的食物，常常挑了一輪都沒有想法，加上我食量小很容易吃不完，覺得這樣很浪費，不如自己做。

宵夜的靈感很常是基於上一餐，我會先在腦中冒出想嚐的味道，假設外食吃了日本料理，宵夜就想要炒一個辣口味的料理，填補今天沒吃到的味道，我習慣從平常做的菜中挑一道製作，或嘗試複製在餐廳吃到的菜色。做菜前我會打開一瓶啤酒，邊做菜時小酌一下，這是我個人的儀式感。

關於我的做菜小秘密

養成煮宵夜的習慣後，我越來越享受深夜做菜的樂趣。對我來說，做菜接近日常的消遣，從洗菜、切菜下鍋烹煮，到最後盛盤上桌，我沈浸在每個過程。

我做的菜，大多都是一鍋到底的料理，雖然喜歡下廚，但我很懶得洗東西。如果可以，我會希望只用一個鍋子完成所有料理，也幾乎不用食物調理機，只要有菜刀跟砧板，就可以處理所有食材，即便是最費工的料理，從備料到完成只需要半個小時左右的時間。

我覺得做菜很有意思的地方是，每個人都會有自己的習慣，即便今天是看著食譜做菜，也會依照自己順手的方式進行，調味料使用的比例也會有所增減，我很在意一道菜裡醬料的比例，必須要有香氣又不能完全蓋過主要食材的原味，讓這道菜變成專屬於我的味道。

現在只要有空，我做完一道菜後會先拍照下來，分享到社群，我不會爲了拍照而特別擺盤，但會挑選漂亮的餐具來襯托料理。接著跟很多人一樣配菜是韓劇，深夜幸福時刻完整了一天。

冰箱裡瓶瓶罐罐的辛香料

我愛吃辣，從以前就很喜歡又麻又辣的川菜，不過實際去了一趟四川和成都，才見識到當地人對辣的講究程度，遠比我以爲的還要使勁，像是我非常喜歡的水煮魚，湯底是用魚頭跟魚骨熬製的白湯，搭配不只一種辣椒提味，湯頭濃郁又辣得很有層次，讓我徹底愛上。

因爲弟媳是雲南人，自從愛上水煮魚之後，我開始研究不同的辣椒調味，陸續請她幫忙收集了很多乾辣椒跟辣椒粉。前陣子又迷上醃漬的泡椒，酸辣中帶點微甜，除了能做成當地名菜泡椒魚，與其他肉類拌炒出的香氣也令我著迷。

只要做異國料理，我都建議盡量使用當地食材或調味料，例如韓國的泡菜豆腐湯，除了買韓國的辣醬，還會專程去找進口泡菜跟醃料。我個人喜歡湯汁再收乾一點的濃郁版本，也嘗試韓國人的吃法，將豆腐直接蓋在飯上拌著吃，非常地開胃。

我會固定「點名」冰箱裡的辛香料，都齊全才有安全感（笑）。這樣，只需要買新鮮的食材又是可期待的一餐香辣！

不喝水的應對策略

宵夜想吃的菜大多是重口味，如果要搭配喝的，我偏好清爽的類型。由於平常沒有喝水的習慣，需要攝取水分的時候，我會做冷泡茶，還有自己煮的飲品：蘋果紅棗枸杞生薑代謝飲、蘋果柳橙養顏飲。

蘋果雖然不是最常被推崇的高營養密度水果，但對提升免疫力、抗氧化的功能都有幫助。搭配不同的水果或中藥材燉煮，微微的甜味，是身爲飲料控的我會偶爾自製的天然飲品，彌補愛喝手搖的罪惡。這兩款養顏飲的材料都很好取得，而且做法非常簡單，只需要將材料通通放進鍋中煮開，放涼就完成了。蘋果跟枸杞本身帶點甜味，不用另外加糖，還有排水跟美容的功效。

除了這個習慣，我平常比較少攝取容易產生飽足感的澱粉，也會避免同時攝取蛋白質太多。加上進食速度比較慢，我想這幾個原因加上適當運動，讓我在生完兩個小孩後能夠迅速恢復身形，並且這麼多年依舊維持同樣的體態。當然現在已過了肆無忌憚品嚐美食的年紀，我開始會注意卡路里，把熱量集中在想吃的味道上。

水煮魚

食材 *ingredient*

3－4 人份

鱸魚	1 尾
薑	6 片
麻辣鍋底醬	6 大匙
花椒	1 小把
小白菜	1 把
乾辣椒	1 小把
水	800-1000ML
鹽巴	1 小匙
砂糖	1 小匙
黃檸檬	半顆

醃料 *seasoning*

鹽	1/2 小匙
米酒	2 小匙
太白粉	2 大匙

作法 *steps*

① 將魚頭、魚身分離，將魚身片成魚片，以醃料醃製 5-10 分鐘。

② 小白菜洗淨後切大段、黃檸檬洗淨切片。

③ 起油鍋，爆香薑片，再加入麻辣鍋底醬、花椒、乾辣椒。

④ 加水加魚頭煮滾後，撈起魚頭，先下小白菜再下魚片。

⑤ 加鹽調味後，起鍋前再撒些許砂糖與擺上檸檬片即完成。

♥ 魚可以替換成其他肉類，變換口感。

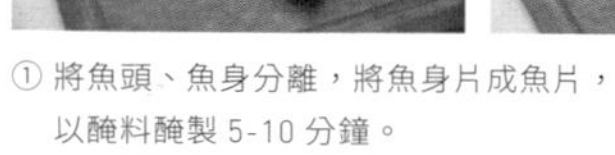

① 將魚頭、魚身分離，將魚身片成魚片，
以醃料醃製 5-10 分鐘。

④ 加水加魚頭煮滾後，撈起魚頭，
先下小白菜再下魚片。

泡椒魚

食材 *ingredient*

2－3 人份

酸菜	1 條
魚片	200 克（鯛魚、鱸魚都可）
黃豆芽	100 克
大蒜	4 大瓣
辣椒	2 根
薑	5 片
花椒	5 克
香菜	1 支
泡椒	適量

調味 *seasoning*

泡椒水	3 大匙
鹽	適量
糖	適量
雞高湯	800-1000ML
米酒	2 小匙

作法 *steps*

① 酸菜先泡水 10 分鐘，沖洗後切小塊備用；黃豆芽洗淨瀝乾、大蒜切末、辣椒切斜片、薑切末、香菜切末、泡椒切碎。

② 魚肉切片後，以少許鹽巴和米酒抓醃備用。

③ 鍋熱下油，加入蒜末、薑末、辣椒末、花椒爆香。

④ 加入泡椒和酸菜拌炒出香氣（可保留部分泡椒碎調整辣度）。

⑤ 加入雞高湯煮滾後慢慢下魚片，保持高湯熱度將魚肉燙熟。

⑥ 加入泡椒水、黃豆芽，並用鹽及糖調整風味。

⑦ 撒上香菜點綴。

♥ 亦可加入自己喜愛的其他配料搭配食用。

啤酒蛤蜊

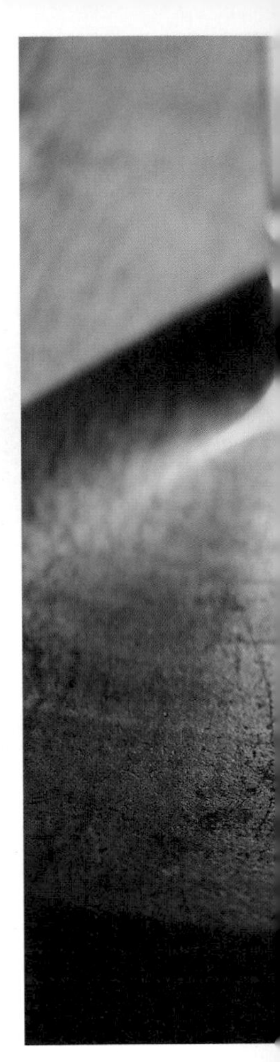

食材 *ingredient*

3 人份

蛤蜊	半斤
大蒜	2-3 瓣
薑	1 小段
蔥	1 根
啤酒	50ML

蛤蜊吐沙 *seasoning*

水	500ML
鹽	1 大匙
沙拉油	1 大匙

鹽水加入油可加速缺氧使蛤蜊快速吐沙，並將底部墊高讓沙沉下去。

作法 *steps*

① 蛤蜊吐沙洗淨 。

② 大蒜切末、薑切薑絲、蔥切蔥花。

③ 小火油鍋，加入蒜末、薑絲爆香。

④ 加入蛤蜊稍微拌炒。

⑤ 加入啤酒，留一點點。

⑥ 蓋鍋蓋，轉中火，悶煮直至蛤蜊全開。

⑦ 起鍋前再倒入剩下的一點啤酒增加香氣，最後撒上蔥花。

椒鹽玉米粒

食材 *ingredient*

1 人份

玉米	1 根
蛋	1 顆
麵粉	4-6 大匙
大蒜	3 瓣
辣椒	半條

調味 *seasoning*

醬油	1/2 大匙
胡椒	1 小匙
砂糖	適量

作法 *steps*

① 大蒜切片、辣椒切段。
② 將玉米對半橫切後煮熟放涼；用叉子從根部往上推，剝成玉米粒。
③ 將玉米粒、蛋、麵粉均勻攪拌。
④ 起熱油鍋，先油炸玉米粒，撈起瀝油後，再加入蒜片用小火油炸至金黃酥脆。
⑤ 同鍋以微量的油拌香辣椒段，加入玉米粒、醬油、胡椒，持續快速拌炒。
⑥ 最後，陸續加入蒜片、砂糖即完成。

② 將玉米對半橫切後煮熟放涼；用叉子從根部往上推，剝成玉米粒。

③ 將玉米粒、蛋、麵粉均勻攪拌。

④ 起熱油鍋，先油炸玉米粒，撈起瀝油後，再加入蒜片用小火油炸至金黃酥脆。

麻藥雞蛋

跟結婚時最大的不同，現在可以認眞追劇。麻藥雞蛋是韓國人的家常菜，當初也是從韓劇中知道這道菜。我會在冰箱裡常備麻藥雞蛋，肚子餓可以隨時吃。比起滷茶葉蛋更方便，只要雞蛋煮熟丟進去放了很多辣椒的滷汁裡醃一晚，明天就可以吃，剖開會流心，最多一口氣可以吃到三顆。

食材 *ingredient*

雞蛋	6 顆

配料 *seasoning*

大蒜	5 瓣
蔥	2 根
辣椒	1 根
洋蔥	1/4 顆
白芝麻	1 大匙

醬汁 *seasoning*

醬油	150ML
砂糖	120G
飲用水	150ML

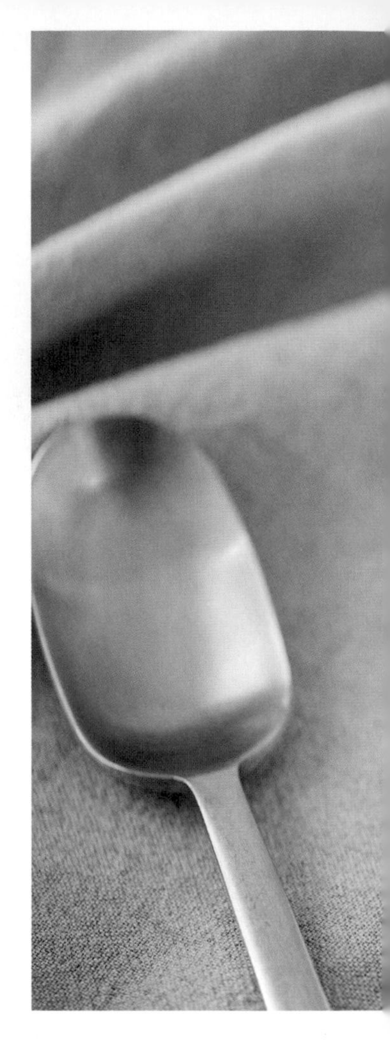

作法 *steps*

① 將蛋洗淨，於滾水煮 6 分鐘左右，置入冰塊水冰鎮冷卻後剝殼。

② 大蒜切末、蔥切蔥花、辣椒切辣椒圈、洋蔥切小丁。

③ 醬汁製作：在碗中倒入蔥花、蒜末、辣椒圈、洋蔥丁、白芝麻，再加入醬油、飲用水及砂糖拌勻。

④ 將剝好殼的溏心蛋放入醬汁內，盡量讓醬汁覆蓋雞蛋，放進冰箱醃一天即完成。

紅糖粥

我比較偏好中式的甜點，像是西米露、芝麻糊，甚至會直接吃冰糖。紅糖粥是雲南的特產，它有點像是紫米粥，當地人通常會在粥裡多加一顆雞蛋，據說對女生身體好，有養顏補身的功能。

食材 *ingredient*

3－4 人份

圓糯米	1 杯
紅棗	20 克
桂圓乾	15 克
蓮子	20 克
核桃	15 克
水	5 杯

配料 *seasoning*

紅糖	150 克

作法 *steps*

① 圓糯米洗淨後，浸泡 3 小時；蓮子熱水浸泡 10 分鐘後去蓮心；核桃烘烤後備用。

② 將糯米、紅棗、桂圓乾、蓮子及水放入鍋中，並將鍋置於電鍋當中，外鍋放兩杯水蒸熟，電鍋跳起後加入核桃及紅糖拌勻。

③ 再悶 10 分鐘即完成。

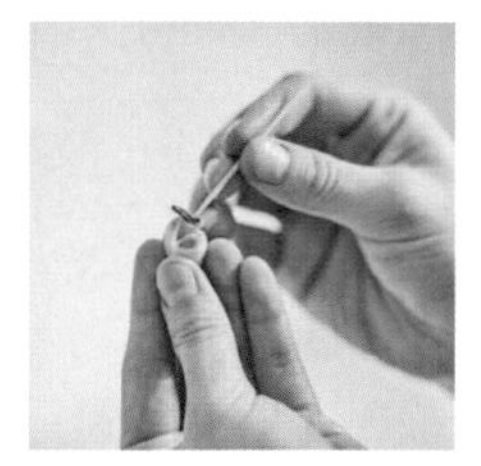

① 蓮子熱水浸泡 10 分鐘後去蓮心。

蘋果柳橙養顏飲

食材 *ingredient*

1人份

蘋果	1顆
柳橙	2-3 顆
水	600ML

作法 *steps*

蘋果、柳橙切片，直接下鍋煮滾放涼。

♥ 可依個人喜好添加少量蜂蜜。

蘋果紅棗枸杞生薑代謝飲

食材 *ingredient*

1人份

蘋果	1顆
枸杞	20克
紅棗	10顆
生薑片	3-5片
水	600ML

作法 *steps*

① 蘋果切小丁、生薑切片。

② 枸杞、紅棗、蘋果丁、生薑片放入鍋中，加入水後煮滾放涼。

EPILOGUE

後記

LɪEN 的相談室

Q1　被負面能量衝擊時，哪道菜最能撫慰自己？

沒有，是切菜、調味、下鍋的聲音，
到上菜的整個過程治癒了我。

Q2　料理給妳最大的能量？

既能挑戰極限又療癒：生活中不能處處
鑽牛角尖，但料理可以！像是挑戰食材的薄
度極限，切切切、舒服！

Q3　LɪEN 很年輕就爲人母，最大的收穫？

跟小孩一起成長，也更大膽，陪孩子體驗。
透過孩子的視角，我也大開眼界。

Q4　愛旅行的你，認爲旅行的意義是什麼？

放空，打開視野，同時
勇於嘗試更多平時不敢做的事

Q5　在孤島上，一個人，只能帶三件物品，會是什麼？

相機、長篇小說、ipod.

Q6　哪一首歌最能代表現階段的心境？

化身孤島的鯨

Q7　想對一直以來支持你的粉絲朋友說什麼？

很像多了很多遠遠關心的朋友，直播私訊時，告訴他們：我很好，一起加油！

Q8　尋嚐也尋常，自己生活後的生活期許？

我要體驗100件事，照顧好自己，然後好好愛重要的人.

Q9　結束婚姻不代表失敗，想請 LIEN 對還在妥協，或正在努力磨合的人說一句話

不代表結果，是生命裡另一種關係形式的開始

NO NEED TO BE ANYBODY BUT ONESELF.
—— VIRGINIA WOOLF

凱特文化 讀者回函

感謝您購買本書，即日起至 2024.4.15 日止寄回讀者回函，即有機會抽贈 ——

NEOFLAM
BETTER FINGER 系列
鑄造 5 鍋組
（價值 22,657 元）

鑄造平底鍋 24CM（全覆底）
鑄造雙耳湯鍋 18CM（全覆底）
鑄造單柄湯鍋 18CM（全覆底）
鑄造炒鍋 22CM（全覆底）
鑄造烤盤 24CM（全覆底）

您所買的書為： LIEN 的尋嚐生活

請留下以下資訊，供讀者輪廓調查，與抽獎活動使用！

1. 姓名 ______________________

2. 性別 □ 男　□ 女

3. 電話 ______________________

4. 地址 ______________________

5. Email ______________________

6. 職業 ______________________

7. 您是如何獲知本書 ______________________

____

8. 寫下您對本書的想法或建議： ______________________

____

____

____

收件人

新北市 236 土城區明德路二段 149 號 2 樓

凱特文化　收

寄件人

姓名 ________________________________

地址 ________________________________

____

電話 ________________________________

LIEN 的尋嚐生活

作者	黃廉盈 LIEN
發行人	陳章竹
總編輯	嚴玉鳳
企劃製作	黃伊蘭
料理協製	江承軒
料理攝影	眼福映像工作室
人像攝影	LUCAS__VISUAL
視覺設計	陳映慈
印刷	東豪印刷事業有限公司
感謝	NEOFLAM

出版	凱特文化創意股份有限公司
地址	新北市 236 土城區明德路二段 149 號 2 樓
電話	02-2263-3878
傳眞	02-2236-3845
劃撥帳號	50026207 凱特文化創意股份有限公司
讀者信箱	KATEBOOK2007@GMAIL.COM
經銷	大和書報圖書股份有限公司
地址	新北市 248 新莊區五工五路 2 號
電話	02-8990-2588
傳眞	02-2299-1658
初版	2024 年 4 月
ISBN	978-626-96833-1-4（平裝）
新台幣	380

國家圖書館出版品預行編目 (CIP) 資料

LIEN 的尋嚐生活／黃廉盈 (LIEN) 作 — 初版 — 新北市：凱特文化創意股份有限公司；2024.03

面；公分／ ISBN 978-626-96833-1-4（平裝）

1.CST: 食譜

427.1　　　113001420

LiEN的尋嚐生活

LiEN